Aimée Diop

Cartografia da vulnerabilidade às inundações nas zonas húmidas urbanas, Dakar (Senegal)

Aimée Diop

Cartografia da vulnerabilidade às inundações nas zonas húmidas urbanas, Dakar (Senegal)

ScienciaScripts

Imprint

Any brand names and product names mentioned in this book are subject to trademark, brand or patent protection and are trademarks or registered trademarks of their respective holders. The use of brand names, product names, common names, trade names, product descriptions etc. even without a particular marking in this work is in no way to be construed to mean that such names may be regarded as unrestricted in respect of trademark and brand protection legislation and could thus be used by anyone.

Cover image: www.ingimage.com

This book is a translation from the original published under ISBN 978-620-2-05821-6.

Publisher:
Sciencia Scripts
is a trademark of
Dodo Books Indian Ocean Ltd. and OmniScriptum S.R.L publishing group

120 High Road, East Finchley, London, N2 9ED, United Kingdom
Str. Armeneasca 28/1, office 1, Chisinau MD-2012, Republic of Moldova, Europe
Printed at: see last page
ISBN: 978-620-7-85705-0

DEDICAÇÃO

Dedico este trabalho aos meus pais, Sr. DIOP BIRAMA e Sra. DIOP NDEYE SIDIBE:

- Pelo vosso amor e para ser um pai como vós PA e uma mãe como vós MA;
- Por me ter inculcado uma educação e valores nobres;
- Por todos os sacrifícios e orações feitos para o meu sucesso;
- Por não se ter poupado a esforços para que eu estivesse sempre nas melhores condições de estudo e de vida.

Compreendam através destas poucas palavras todo o meu amor, toda a minha gratidão e a minha eterna gratidão.

Que Deus vos conceda uma vida longa e uma saúde de ferro para que possam testemunhar o nosso sucesso e colher os frutos dos vossos duros sacrifícios.

OBRIGADO

No final deste trabalho, gostaria de expressar a minha gratidão e os meus sinceros agradecimentos:

- Ao Professor **Bienvenu SAMBOU** (Diretor do Instituto de Ciências do Ambiente, Universidade Cheikh Anta Diop, Dakar, Senegal) e ao Professor **Honore DACOSTA** (Departamento de Geografia, Universidade Cheikh Anta Diop, Dakar, Senegal), pela sua disponibilidade, apoio, conselhos e orientação. Que eles encontrem aqui a expressão de toda a minha gratidão

- Ao Professor **Amadou Tahirou DIAW** (Departamento de Geografia, Universidade Cheikh Anta Diop, Dakar, Senegal), Diretor do Laboratório de Ensino e Investigação em Geomática (LERG), pela disponibilização gratuita de imagens de satélite, geomáticas que foram cruciais para o sucesso deste trabalho e pelo seu encorajamento;

- Ao Dr. **Hyacinthe SAMBOU** (Instituto de Ciências do Ambiente, Universidade Cheikh Anta Diop, Dakar, Senegal), a sua experiência, rigor, ensinamentos e grande disponibilidade contribuíram do princípio ao fim para a realização deste trabalho;

- A todos os investigadores do LERG, em particular a **Mamadou Lamine NDIAYE** (Laboratório de Formação e Investigação em Geoinformação, Universidade Cheikh Anta Diop, Dakar, Senegal) pela sua generosidade, disponibilidade e amor à investigação.

ÍNDICE DE CONTEÚDOS

RESUMO

A bacia hidrográfica do Grande Niaye em Dakar situa-se precisamente no centro-oeste da região de Dakar, capital do Senegal. Esta bacia, devido aos seus ecossistemas húmidos designados principalmente por *"Niayes"*, parece bastante representativa das zonas de risco significativo de inundações na região de Dakar e especialmente na sua zona periurbana. Com base na diversidade de factores que são considerados responsáveis pelas inundações, este estudo pretende chamar a atenção através da avaliação da vulnerabilidade da bacia hidrográfica às inundações utilizando o SIG e a Abordagem de Avaliação Multicritério (MCE). Este estudo considerou seis factores como índices de identificação da vulnerabilidade às cheias, incluindo a elevação, o declive, o nível das águas subterrâneas, o tipo de solo e a distância entre as áreas de habitação e as zonas húmidas. Estas informações foram obtidas a partir de fotografias aéreas de 1942 e de imagens QuickBird de 2014, SRTM, dados sobre a natureza do solo e o nível das águas subterrâneas da área de estudo. Os dados são normalizados para facilitar o seu tratamento. Os critérios são depois reclassificados numa escala logarítmica antes de serem conduzidos à etapa de agregação que se baseia na soma dos valores numéricos dos pixéis utilizando a calculadora raster do software ArcGIS 10.2. O estudo de modelação e a análise dos resultados indicam quatro níveis de vulnerabilidade: altamente vulnerável, moderadamente vulnerável, vulnerável e pouco vulnerável. Como resultado, 75% da área da bacia hidrográfica do Grande Niayes é aproximadamente vulnerável a inundações. Além disso, cerca de 50% das casas e dos serviços de construção ocupam as superfícies vulneráveis da bacia hidrográfica. Globalmente, os resultados indicam que a área de estudo constitui um grande perigo para o bem-estar das populações. A fim de reduzir de forma sustentável as inundações na zona, os decisores políticos, os urbanistas e os gestores devem, a longo prazo, promover uma política de gestão baseada na preservação e na reabilitação das zonas húmidas dos Niayes. De facto, a sua principal função é a captação, regulação e gestão da cheia das águas devido à elevada vulnerabilidade às inundações dos edifícios construídos nestas zonas húmidas.

Palavras-chave: SIG, MCE, vulnerabilidade dos edifícios às inundações, *"Niayes"*, bacia hidrográfica do Grande Niaye, Dakar, Senegal

INTRODUÇÃO

Nos últimos 20 anos, as inundações tornaram-se as catástrofes mais frequentes e intensas no mundo, particularmente em África (Jha et al. 2012). De facto, de 2011 a 2013, das 147 catástrofes registadas no continente africano, 67 estão relacionadas com inundações. São responsáveis por um terço dos prejuízos económicos causados por catástrofes de 2001 a 2010 e representaram 90% das perdas económicas de 2011 a 2012 (UNISDR Africa et al., 2013).

O Senegal, um país costeiro situado na parte ocidental do continente africano, também é afetado por catástrofes causadas por actividades humanas e danos ambientais (Lo e Chellouche, 2013). Estas catástrofes incluem as inundações que têm sido uma verdadeira preocupação nacional nos últimos anos devido aos seus impactos (GFDRR, 2014). No entanto, as inundações afectam principalmente uma área urbana, razão pela qual são consideradas como uma questão social urbana (Thiam, 2011).

Dakar, a capital do país, compreende a maior parte das infra-estruturas do país e um quarto (23%) da população senegalesa e representa apenas 3% do território nacional (ANSD, 2010). Situada na zona climática costeira do Sahel, a região de Dakar regista, em média, apenas 400 mm de chuva por ano (Diop e Sagna, 2011, Ndiaye et al., 2016b). O regresso às actividades pluviométricas normais apenas expõe a ocupação mal controlada do solo (Sene e Ozer, 2002). De facto, a região de Dakar é particularmente vulnerável às inundações devido ao elevado crescimento demográfico, a uma forte expansão do tecido urbano, ao estado da rede de drenagem e à conversão de zonas naturais e agrícolas em zonas de habitação (Mbow et al., 2008, CSE, 2010, Diop et al., 2014, Ndiaye et al., 2016a). O aumento das inundações em 2005, 2008, 2009 e 2012 é um fator chave (Wade et al., 2009, Ndao, 2012, Diongue, 2014). Assim, a vulnerabilidade às inundações na região de Dakar é definida como sendo natural, ou seja, ligada às características físicas, e/ou causada por factores antropogénicos como a ocupação do solo (ANRSA, 2012).

A região de Dakar é altamente vulnerável às alterações climáticas (Banco Mundial, 2009), o que é suscetível de agravar a incidência de chuvas fortes (IPCC, 2013). De facto, a intensificação da urbanização pode aumentar a exposição da população às inundações.

As tentativas de gestão sustentável das inundações na região de Dakar não tiveram atualmente grandes impactos. As populações que vivem nas zonas de risco continuam a recear as intempéries que parecem aumentar todos os anos (GFDRR, 2014, Ndiaye et al., 2016b). De facto, as condições organizacionais, ambientais e socioeconómicas de Dakar dificultam a compreensão e a gestão das inundações, que são fonte de debate todos os anos à medida que a estação das chuvas se aproxima (Djigo, 2009).

Na evolução da gestão dos riscos de inundação, a passagem de um estudo de estratégia de controlo para outro baseado no controlo da vulnerabilidade das infraestruturas, dos alojamentos ou das populações (Veyret e Reghezza Soto e Renard, 2014). A vulnerabilidade é um dos factos essenciais do risco de inundação e tem impacto quando o risco ocorre (IPCC, 2012). A sua consideração é, por conseguinte, essencial para reduzir o risco de inundação. No entanto, esta vulnerabilidade é multidimensional e dinâmica porque depende de vários factores (Quenault et al., 2011) e as tentativas de a avaliar são numerosas e metodologicamente variadas (Soto e Renard, 2014). Assim, alguns investigadores utilizam uma abordagem quantitativa baseada nos impactos potenciais sobre a vida humana e a propriedade (Rafai et al., 2014). Por outro lado, outros avaliam-na em termos de factores relacionados com os danos ou com a capacidade de reação das populações a uma situação catastrófica (D'Ercole, 1994). Na região de Dakar, a maioria dos estudos de vulnerabilidade consiste em estimar os danos causados pelas inundações ou investigar as suas causas. Devem ser envidados esforços no que diz respeito a medidas de tomada de decisão que incluam uma abordagem interdisciplinar e sistémica (Ndiaye et al., 2016a).

Os SIG e as abordagens de avaliação multicritério são uma combinação perfeita para propor apoio à decisão, especialmente para problemas espacialmente referenciados. Como resultado, muitos problemas espaciais do mundo real dão origem à tomada de decisões multicritério com base no sistema de informação geográfica (Ayehu e Besufekad, 2015). E, segundo (Al-Hanbali et al., 2011), os SIG têm a capacidade de tratar e simular os dados necessários recolhidos de várias fontes; combinam dados espaciais com bases de dados de informação quantitativa, qualitativa e descritiva, que podem suportar uma vasta gama de consultas espaciais. Um método de avaliação multicritério (MCE) pode servir para inventariar, classificar, analisar e organizar convenientemente a informação disponível relativa às possibilidades de escolha no planeamento regional (Voogd, 1983). De acordo com Malczewski (1999), 80% dos problemas de decisão enfrentados por um indivíduo têm uma conotação espacial. A análise multicritério é um método de análise espacial que combina vários critérios, de diferentes naturezas, para obter resultados baseados em mapeamento indicando áreas mais ou menos capazes de resolver o problema (Balzirani e al., 2010).

E um critério é um fator de julgamento com base no qual uma ação é medida e avaliada (Chakar, 2003). A identificação destes critérios requer a recolha e o cruzamento de dados cartográficos e de imagens de satélite. Existem vários algoritmos de agregação de critérios, incluindo o Weighted Linear Combination (WLC) (Al-Hanbali et al., 2011). É um dos métodos de MCE amplamente utilizados para a análise da aptidão das terras. A combinação linear ponderada baseia-se no conceito de uma média ponderada em que os critérios contínuos são normalizados para um intervalo numérico comum e depois combinados através de uma média ponderada (Malczewski, 2004). Este método permite uma melhor seleção dos sítios devido à sua flexibilidade na seleção dos sítios óptimos. Tem sido objeto de numerosos estudos e numa vasta gama de domínios (Makarram e Aminzadeh, 1984, Ahamed, 2000, Jankovski et al., 2001, Prakash, 2003, Ayehu e Besufekad, 2015, Emmanuel Uddo e al., 2015).

O principal objetivo deste trabalho é realizar uma análise espacial da vulnerabilidade das casas e dos serviços públicos às inundações na bacia hidrográfica do Grande Niaye. Primeiro, analisaremos a exploração da terra na bacia hidrográfica, antes e depois de sua urbanização (1942 e 2014). O objetivo é poder identificar os espaços naturais dos espaços ocupados pelas actividades humanas e sobretudo pelas casas. Este estudo é uma contribuição para a compreensão dos riscos de catástrofes como as inundações, prioridade do Quadro de Sendai para a Redução do Risco de Catástrofes, 20152030 (ONU, 2015), do qual o Senegal é parte.

CAPÍTULO 1

APRESENTAÇÃO DA ZONA DE ESTUDO

1.1. INFORMAÇÕES GERAIS SOBRE AS ZONAS HÚMIDAS DA REGIÃO DE DAKAR

As terras húmidas de África cobrem uma área de mais de 131 milhões de hectares e variam desde lagoas costeiras do tipo laguna até lagos de água doce e salobra (Hughes e Hughes, 1992). As terras húmidas na África Ocidental, particularmente em áreas caracterizadas como áridas ou semi-áridas (Dia, 2003), desempenham funções importantes para o ambiente (Sene et al., 2006).

O Senegal é um país do Sahel situado na parte ocidental do continente africano (Comunidade Económica dos Estados da África Ocidental et al., 2006). Está subdividido em seis zonas eco-geográficas (Figura 1), cada uma das quais contém várias zonas húmidas de tipo costeiro, continental e artificial. Estas zonas húmidas estão entre as mais ricas e extensas da África Ocidental (Diop, 2012). Caracterizam-se por uma presença quase permanente de água, aves migratórias e uma biodiversidade particularmente rica (Ministério do Ambiente e do Desenvolvimento Sustentável do Senegal, 2015). A zona eco-geográfica dos Niayes (Figura 1) estende-se ao longo da grande costa até ao coração da península de Cabo Verde numa superfície de 8 883 km^2. Contém zonas húmidas que se chamam precisamente "Niayes". A sua importância para o Senegal está relacionada com o facto de pertencerem tanto ao domínio costeiro como ao domínio continental (Diop, 2006).

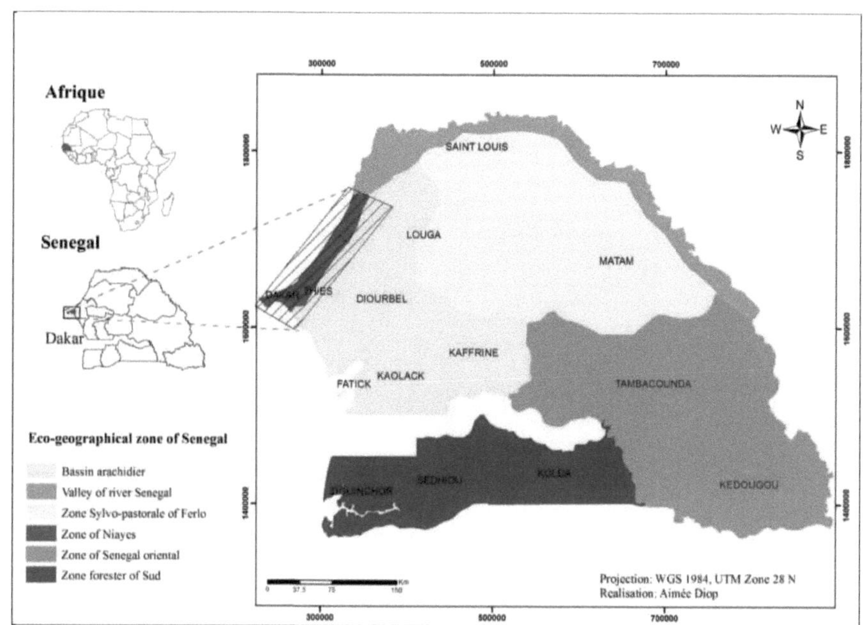

Figura 1: Localização da zona eco-geográfica "Niayes" do Senegal

O "Grande Niaye de Dakar" é uma parte da zona eco-geográfica dos Niayes situada na região de Dakar, região onde se encontra a capital do Senegal. Limita-se a norte e a sul com o Oceano Atlântico, a oeste com o Parque Florestal e Zoológico de Hann e o bairro de Khar Yalla, a leste com Thiaroye Gare, os bairros de Diacksao e Tivaouane (Management of green and urban areas e al., 2004) e cobre uma superfície de 4.800 hectares. Este último é um ecossistema particular (Diop, 2006), atípico no Sahel (Dasylva e Cosandey, 2010) e que envolve várias zonas húmidas chamadas "*Niayes*" (DEVU et al., 2004).

1.2. APRESENTAÇÃO DA ZONA DE ESTUDO

A bacia hidrográfica do Grande Niaye está situada no centro-oeste de Dakar e estende-se por 12,58 km^2 quadrados (Figura 2).

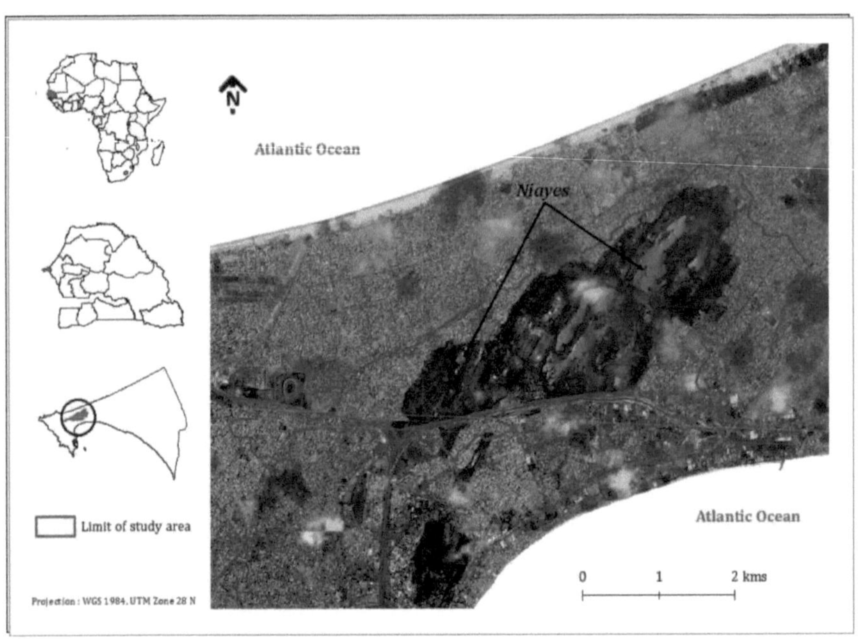

Figura 2: Localização da zona de estudo: Bacia hidrográfica do Grande Niaye

A bacia hidrográfica do Grande Niaye é a maior parte do "Grande Niaye de Dakar". É caracterizada por uma rica biodiversidade devido à sua presença em diferentes áreas de Dakar como "Grande Niaye de Dakar", nomeadamente Niaye de Pikine (Fotografia 1), Niaye de Patte d'Oie (Fotografia 2) e Niaye de Hann Maristes (Fotografia 3).

Fotografia 1: Zona húmida do Niaye de Pikine (Fornecido por: Aimee Diop / Sexta-feira, 14 de agosto de 2015, 11:45:33)

Fotografia 2 : Zona húmida do Niaye de Patte d'Oie (Fornecido por: Aimee Diop / Sexta-feira, 14 de agosto de 2015, 11:45:33)

Os estudos efectuados na zona indicam uma riqueza ornitológica (Dodman e Diagana, 2003) e florística (Thi, 2013). No entanto, estes ecossistemas húmidos desempenham funções socioeconómicas importantes para o desenvolvimento da região de Dakar e dos seus habitantes.

A unidade hidrogeológica que caracteriza a área de estudo é a camada de água das areias quaternárias denominada camada de água de Thiaroye. Esta camada de água é constituída por argilas e margas do Eoceno inferior e é principalmente renovada pela água da chuva (ANRSA, 2012). A posição muito baixa das zonas húmidas provoca a emergência da camada de água até cerca de 1,20 metros em média (Thi, 2013) e favorece a existência e a duração dos lagos. A disponibilidade de água apoia o desenvolvimento de muitas actividades geradoras de rendimento (Fotografia 4), tais como a horticultura comercial, a arboricultura, a floricultura, a pesca, a olaria, o pastoreio, a exploração do vinho de palma e o curtimento (Diallo, 2015).

Fotografia 4: Actividades geradoras de rendimentos nas zonas húmidas (Niayes) de Dakar (A. pesca / B. compra e venda de peixe / C. horticultura / D. cultivo de flores)

O Niaye de Pikine é a zona húmida mais importante da área de estudo devido às suas massas de água perenes, à importância das actividades que aí se desenvolvem e ao seu papel na manutenção da biodiversidade. Esta zona húmida é um biótopo para numerosas espécies da fauna e da flora e um local de referência para a migração de espécies avícolas (Fotografia 5). Em janeiro de 2000, registaram-se 2726 aves (com 29 espécies) em janeiro de 1999, 1506 aves (com 30 espécies) em janeiro de 2000 e 3009 aves (com 59 espécies) em 2001 (Dodman e Diagana, 2003). No sítio "Technopole", foi registado um inventário sistemático de 132 espécies de plantas, a maioria das quais é geralmente tolerante à seca e a inundações prolongadas (Thi, 2013). A presença de relíquias de mangue também foi registada na zona.

Fotografia 5 : Migração das espécies de aves no Niaye de Pikine

O microclima bastante especial presente na zona de Niayes, apesar do grande número de automóveis que atravessam a zona, facilita o acolhimento de actividades turísticas e recreativas.

A pluviosidade da bacia hidrográfica do Grande Niaye é semelhante à da região de

Dakar, estimada anualmente em cerca de 400 mm (Diop e Sagna, 2011). A temperatura varia de 28°C a 36°C (Diop e Sagna, 2011).

A bacia hidrográfica do Grande Niaye abrange 10 distritos administrativos entre os departamentos de Dakar, Pikine e Guediawaye. Estes distritos são frequentemente confrontados com inundações, estando principalmente localizados na zona periurbana de Dakar (Diongue, 2014, Ndiaye, 2010). De facto, cerca de 40% da população da zona periurbana de Dakar está muito exposta às inundações, ao passo que este risco é de apenas 19% para as pessoas que vivem na zona urbana (Banco Mundial, 2009). A razão para este facto é que a maior parte dos edifícios aí existentes foram construídos em zonas deprimidas e propensas a inundações, anteriormente ocupadas pelos Niayes (Djigo, 2011, Faye, 2011, Diop et al., 2014, IAGU, 2014). A falta de um sistema eficaz de esgotos e de evacuação das águas pluviais, com uma forte pressão demográfica, também se verifica em todos os municípios.

CAPÍTULO 2

METODOLOGIA
2.1. DADOS UTILIZADOS E PRÉ-PROCESSAMENTO

Os dados utilizados neste estudo provêm de três fontes: satélite, cartografia e SIG. Alguns deles são fotografias aéreas tiradas em 1942, em 1966 e em 1978, uma imagem de satélite Quickbird de 2003, uma imagem de satélite Orbview de 2014, um Modelo Digital do Terreno (DEM), um mapa de solos e levantamentos GPS sobre o nível das águas subterrâneas da área de estudo. A informação do DEM foi adquirida pela Shuttle Radar Topography Mission (SRTM) da National Geospatial-Intelligence Agency (NGA) (USGS, 2016). O DEM tem uma resolução de 30 × 30 m e está disponível no Global Land Cover Facility (GLCF). As etapas de pré-processamento consistem no georreferenciamento dos dados, extração da área de estudo, vetorização dos dados cartográficos e conversão para raster. Para a espacialização do nível freático, é utilizada uma interpolação utilizando o método de Ponderação Inversa da Distância (IDW). Este método permite calcular a média dos valores experimentais dos seus vizinhos, dando preferência aos pontos mais próximos. Todos os dados seleccionados são convertidos em raster e reamostrados a 30 m para facilitar a análise. Todas as camadas de dados raster (critérios) foram projectadas para o sistema de coordenadas UTM para digitalização no ecrã. Os critérios seleccionados são apresentados na figura 3. A pertinência destes critérios é descrita no quadro 1.

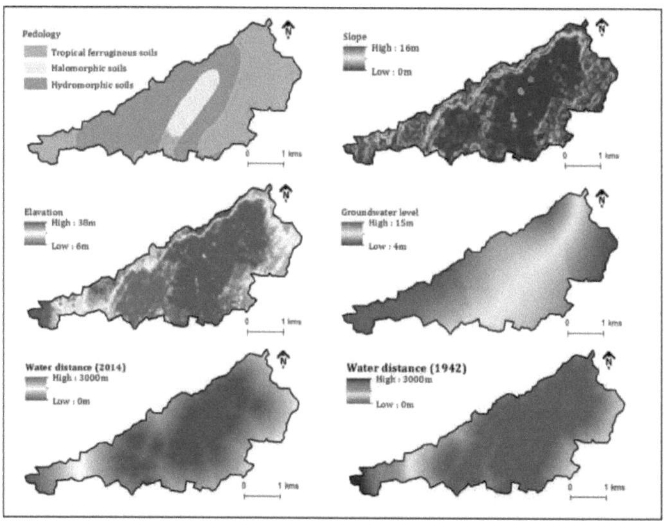

Figura 3: Todos os critérios seleccionados para a cartografia da vulnerabilidade

Quadro 1: Identificação e descrição dos critérios seleccionados para este estudo

Criteria	Description
Elevation	Topography is a very important criterion to be taken into account in a flood risk study whatever the area may be. In general, flows of waters from high to low areas, which are assimilated to natural outlets. The region of Dakar in a whole lies on volcanic flows in its west part, sandstone blocs in the east and of depressions in the center. The central part includes several watersheds, in particular that of Grande Niaye, which low zones are said to be flooded (ANSD, 2010). These watersheds are either coastal, having their natural outlets at sea, or "closed" with flows water infiltrating the sands or flowing to the Niayes (MDRH, 1976). In the Grande Niaye watershed, the maximum altitude is about 38 m and the minimum altitude is 6 m. The lowest altitudes are located in the central and southern parts of the watershed. It is in this party that the Niaye of Pikine is situated. This position could explain its permanent water plans and also its flood zones. The highest elevations cover the border parts of the watershed mainly in the Northeast and Northwest.
Slope	The slope derived from the numerical model of altitude is also an important element that allows understanding the vulnerability of any region. Low slopes favor the increasing of rainwater, and contrary for steep slopes. The study on the area is characterized by low slopes, which account for about 65% of its square and are found in the central part of the watershed. They confirm the results of the topography of the Grande Niaye watershed, which means that t the run off waters mainly converges towards the Niaye de Pikine (municipality of Pikine West). The latter is therefore the largest natural water stock of this area. This justifies its function as a receptacle for drainage waters and its involvement in the Project of stormy waters Management (PROGEP) in the peri-urban zone of Dakar (ADISE, 2013).
Pedology	Knowledge of the type of soil is fundamental in vulnerability studies related to flooding. Each type of soil is characterized by a permeability index, that is, the properties of the soil to transmit water and air and their capacity to withstand construction. Soil characteristics then influence the infiltration capacities and the flows of rainwater. The study area is characterized by hydromorphic soils (55%), tropical ferruginous soils (40%) and, with a little existence of, halomorphic soils. Hydromorphic soils are characterized by a low permeability index, which leads to reduced water infiltration capacity. Consequently, their strong presence is

critical to the vulnerability of the study area to flooding.

Groundwater level	The variation of the depth of the water layer is an explanatory factor for the vulnerability of any area. Indeed, the increase of the piezometric level of the water layer influences the hydrological aspects of the watersheds in particular on the decrease and increase of the infiltration on the surface storage side .The Grande Niaye watershed is concerned with the Thiaroye aquifer which is very active because it lies on an impermeable substratum (ANRSA, 2012). Its depth varies from one area to another and according to the seasons. The drawdown of this water layer following the installation of drilling of water addiction systems in Thiaroye since 1950 and the Great Drought of the 1970s have stabilized the flood zones (SONES, 2013). This situation has facilitated the urbanization of land previously unfit for accOmmodations. With the tendency to return to better rainfall seasons from 1999 (Bodian A., 2014; Sène and Ozer, 2002), the Thiaroye layer of water has become very superficial. During the rainy season, the level of the water decreases more than 1 m with the fluctuations in the Niayes area (Dieng, 2009). So this increases the number of subscribers to SDE (Senegalese Water Fabric) has increased sharply in the peri-urban area of Dakar from 254,000 to 536,000 in the period comprises from 1997 to 2011 (Dakar Regional Council, 2011). Combined with stopping pumping from the boreholes due to the high rate of (nitrate contents exceeding the limit dose) and the increase in the discharge of water after use, the risk of flooding increases (SONES, 2013).
Humid zones (1942 et 2014)	The mapping of the old (1942) and recent (2014) wetlands makes it possible to take into account the occupied zones by the waters during the pre-drought period and the following one. In fact, the great drought of the 1970s was at the origin of the progressive drying up of the Niayes (Ndao, 2012). It seems that these wetlands have been being more and more revitalized since the early 2000s (Diop, 2006), resulting from the flooding of previously dry areas (Ndao, 2012).

2.2. CARTOGRAFIA DA UTILIZAÇÃO DOS SOLOS

A cartografia da ocupação do solo do Grande Niaye é obtida por interpretação visual assistida por computador e pelo software ArcGIS 10.2. Esta abordagem consiste em separar visualmente os diferentes componentes do solo através das suas características espectrais, texturais e geométricas.

As Figuras 4 mostram um subconjunto de cada uma das fotografias aéreas, adquiridas em 1942, e uma QuickBird, adquirida em novembro de 2014, respetivamente. Estas imagens são utilizadas para criar mapas de uso do solo e para extrair camadas de construção. As imagens foram geometricamente corrigidas e geocodificadas para o sistema de coordenadas Universal Transversa de Mercator (UTM) utilizando uma imagem de referência. Foi selecionado um mínimo de 10 pontos de controlo no solo (GCPs) regularmente distribuídos a partir das imagens. A semelhança foi efectuada utilizando um algoritmo de vizinho mais próximo. A transformação teve um erro quadrático médio (RMS) de 0,5 pixéis, indicando que a imagem tinha uma precisão de um pixel. A discriminação das classes de uso do solo baseou-se numa interpretação visual das imagens que cobrem a área de estudo em diferentes datas e utilizando o software ArcGIS 10.2. A interpretação visual das fotografias aéreas baseou-se numa chave de interpretação baseada nos padrões das imagens e no significado temático das classes dominantes (Mbow et al., 2008). Esta abordagem consiste em separar visualmente os diferentes componentes do solo através das suas características espectrais, texturais e geométricas. Em seguida, são identificados três (03) tipos de ocupações do solo para o ano de 1942, tais como: águas superficiais que são as áreas ocupadas por água de forma permanente e temporária, superfícies nuas e vegetação. Para o ano de 2014, são identificados oito (08) tipos de ocupação do solo na área, a saber: águas superficiais, casas, áreas nuas, áreas de atividade de horticultura, vegetação antropogênica, vegetação aquática e vegetação dunar. Foram seleccionados 50 pontos de verdade terrestre (PTS) para cada imagem. Estes pontos foram verificados no terreno com recurso a um GPS (Garmin) e a dados cartográficos da área de estudo. Para validar as classificações, calculámos dois índices estatísticos: a precisão global e o índice Kappa. A precisão global da classificação é dada pela média dos pixels corretamente classificados (MPCC) (Equação 1).

$$MPCC = \frac{1}{n}\sum_{i=1}^{n} P_n(i) \tag{1}$$

Onde n é o número total de pixéis incluídos na matriz.

O coeficiente Kappa é um estimador de qualidade que tem em conta os erros de linha e de coluna. Varia de 0 a 1 (Girard e Girard, 1999). Este último é calculado através da equação (2).

$$K = \frac{n\sum_{i=1}^{x} x_{ii} - \sum_{i=1}^{r}(x_{i+}+)(x_{+i})}{N^2 - \sum_{i=1}^{r}(x_{i+})(x_{+i})} \tag{2}$$

Onde r é o número de linhas da matriz, x_{ii} é o número de observações na linha i e coluna i (ou seja, elemento diagonal, $xi+$ e $x+i$ são os totais marginais das linhas *i* e coluna *i*, respetivamente, e *N* é o número total de observações.

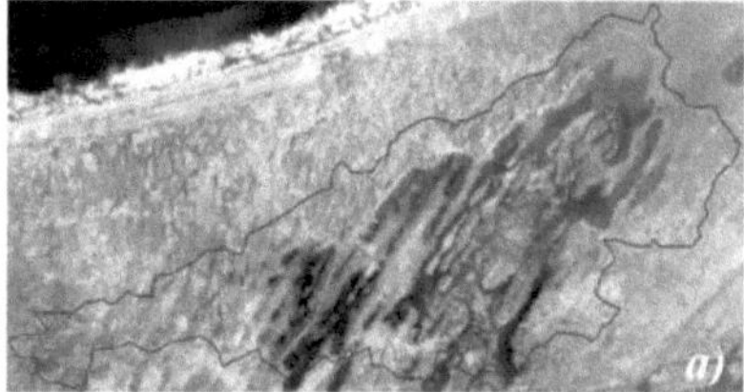 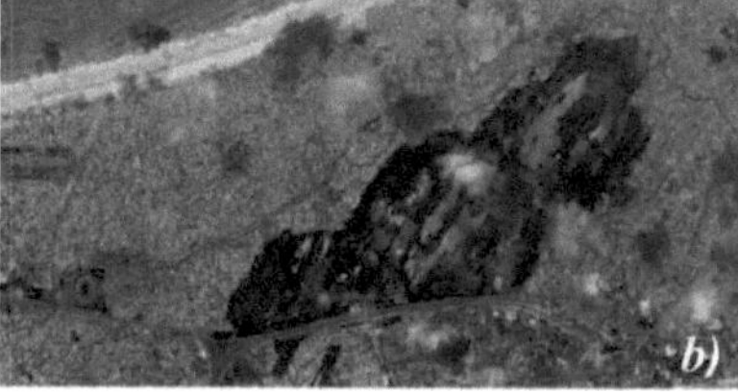

Figura 4: Vista geral dos dados de teledeteção utilizados neste estudo: (a) Fotografia aérea de 1942 e (b) Imagem de satélite de 2014

Embora o estudo da cartografia da vulnerabilidade às inundações em função do uso do solo diga respeito ao ano mais antigo (1942) e ao ano mais recente (2014), será efectuado um estudo diacrónico. Este abrange os anos 1942-1966, 1966-1978, 1978-2003 e 2003-2014. Estas datas foram escolhidas com base na disponibilidade de imagens, eventos climáticos e um intervalo de tempo superior a 10 anos. As características das suas imagens estão definidas no Quadro 2.

O ano de 1942 (antes da Grande Seca) testemunha a peculiaridade da área de Niayes e permite ter uma situação de referência antes da urbanização.

O ano de 1966 corresponde ao período de desinvestimento de Dakar Ville e ao início da sua suburbanização (Vemiere, 1977).

O ano de 1978 coincide com o período da grande seca dos anos 70 (Sene e Ozer, 2002), que afectou fortemente a hidrologia do Grande Niaye e contribuiu para a expansão das zonas residenciais (Diop, 2006).

O ano de 2003 é marcado por um regresso a uma melhor precipitação em comparação com o período de seca (Decroix et al., 2015, Bodian, 2014).

O ano de 2014 dá uma representação da situação atual da ocupação do espaço e da expansão urbana

Quadro 2: Características dos dados espaciais utilizados para a cartografia da utilização dos solos

Data Types	Sources	Scale or résolution
Aerial photo of 1942	AUF	1/50000
Aerial photo of 1966	CORONA	1/60000
Aerial photo of 1978	IGN	1/60000
satellite image of 2003	Quickbird	1 mètre
satellite image of 2014	Orbview-2 to Digital Globe	0,5 m

Recordemos que a área mapeada para o estudo diacrónico de 1942 a 2014 é de aproximadamente 12,98 Km² (Figura 5). Esta estende-se para além dos limites da bacia hidrográfica estudada. O objetivo era ter uma visão mais global das alterações induzidas no uso do solo e não se limitar à bacia hidrográfica do Grande Niaye.

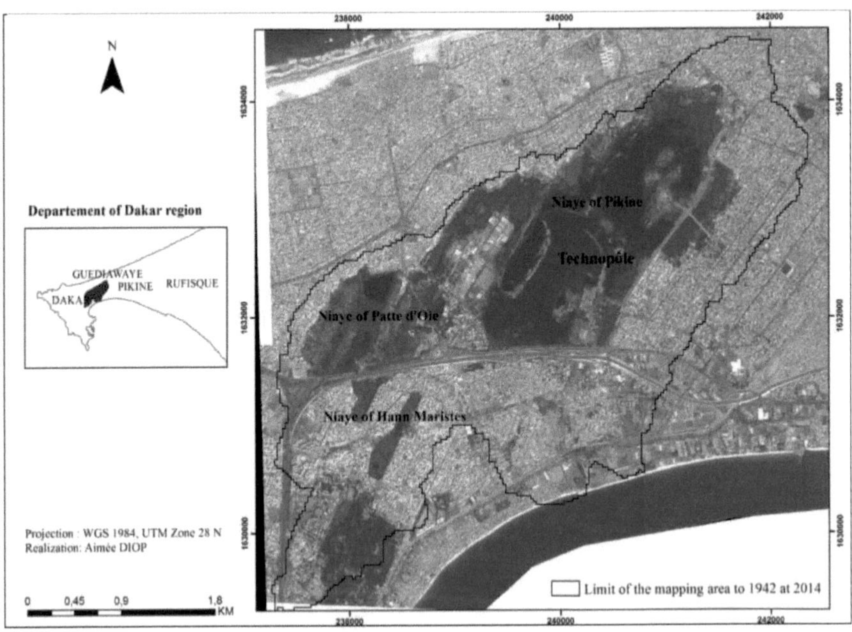

Figura 5: Limite da zona cartográfica para 1942 em 2014

A aquisição dos dados foi seguida da georreferenciação das imagens. A georreferenciação é a transformação da imagem em função de um sistema cartográfico de referência. Não só corrige as distorções espaciais de uma imagem ou de um

A georreferenciação das imagens é feita a partir da fotografia de 2003 com o software

ArcGIS, mas também permite a sua sobreposição de forma a coincidir com pontos geográficos equivalentes (EUROSTAT, 2001). Neste estudo a georreferenciação das imagens foi efectuada a partir da de 2003 com o software ArcGIS. O processo de georreferenciação teve por base os pontos de referência identificados em todas as imagens e os levantamentos GPS (Global Positioning System) efectuados no terreno. Após a georreferenciação das imagens, procedeu-se à sua digitalização. Esta operação envolveu a transformação dos dados raster em dados vectoriais através da criação de polígonos. A digitalização das imagens por foto-interpretação permitiu-nos classificar os polígonos com o mesmo atributo em camadas e cada camada corresponderá a uma classe de ocupação do solo. A alta resolução das imagens de satélite (1 m para o ano de 2003 e 0,5 m para o ano de 2014) permitiu uma boa separação das diferentes camadas de uso do solo. Graças ao tamanho do pixel das imagens de satélite, o reconhecimento de diferentes tipos de vegetação, hortas, áreas de floricultura e edifícios foi feito sem grandes dificuldades. No entanto, a interpretação visual das fotografias aéreas de tamanho médio não permitiu a digitalização dos diferentes tipos de vegetação como foi feito nas imagens de satélite. A digitalização permitiu distinguir no conjunto das imagens de satélite e das fotografias aéreas onze (11) classes que conduziram à elaboração do mapa das ocupações de ocupação do solo. Previamente, foi feita a descrição das classes de uso do solo (Tabela 3). Todos os mapas foram validados por verificação de campo utilizando um GPS. A área de cada classe de uso do solo e para todos os anos foi estimada a partir da tabela de atributos do software ArcGis 10.2. As entrevistas semiestruturadas realizadas com horticultores, pescadores e pessoas de recursos durante o trabalho de campo permitiram verificar e confirmar as informações obtidas na documentação sobre a ocupação da área.

Quadro 3: Descrição das classes de uso do solo cartografadas

Land use classes	Description
Water	Free bodies of water (lakes or ponds)
Flower-growing	Cultivation of ornamental plants
Road	Main and secondary roadways
Build	Urbanized areas (dwellings, industries, buildings)
Flooded areas	Temporarily flooded lowland areas

	Areas where vegetation cover is virtually absent at the time of shooting of photos or satellite images and unoccupied by human activities
Bare soil	
Vegetation	Any vegetation cover from 1942 to 1978 without categorization due to the reduced quality of the aerial photos
Aquatic vegetation	Plant species in flooded or hydromorphic areas
Anthropized vegetation	Vegetation (natural or artificial) in weakly or densely urbanized areas
Vegetation of dune	Vegetation colonizing the dunes or located on high areas
Gardening	Vegetable and fruit production activities

2.3. CARTOGRAFIA DA VULNERABILIDADE DOS EDIFÍCIOS ÀS INUNDAÇÕES

A cartografia dos edifícios vulneráveis às inundações na bacia do Grande Niaye de Dakar é adoptada de acordo com uma abordagem multicritério. Para isso, tomamos em consideração os seguintes critérios: elevação, declive, nível freático, tipo de solo e áreas de água em 1942 e 2014. A escolha do ano de 1942 é justificada pelo elevado nível de humidade da zona de Niayes antes da grande seca dos anos 1970. Sobre as imagens classificadas, extraímos as zonas húmidas de 1942 e 2014 e calculámos as distâncias euclidianas a fim de as utilizar para a modelização. E todos os critérios são do tipo fatorial, porque se caracterizam por um nível de vulnerabilidade bastante variado, ao contrário dos critérios de restrição ou binários que caracterizam a vulnerabilidade ou não de um critério selecionado (Godard, 2005). De seguida, procedeu-se à normalização de todos os critérios, ou seja, à sua conversão em modo raster, para garantir que têm o mesmo tamanho (número de linhas e colunas) e a mesma resolução (30m). Após esta operação, os critérios e subcritérios foram avaliados de modo a atribuir-lhes pesos e pontuações.

De acordo com Saaty (1977), um problema fundamental da teoria da decisão é a forma de obter ponderações para um conjunto de actividades em função da sua importância. A importância é geralmente avaliada de acordo com vários critérios. Por conseguinte, muitos métodos de tomada de decisão tentam determinar a importância relativa, ou peso, das alternativas em termos de cada critério envolvido num determinado problema de tomada de decisão (Ayehu e Besufekad, 2015). Thomas Saaty (1980) desenvolveu uma nova abordagem denominada Analytical Hierarchy Process (AHP) com o objetivo de aperfeiçoar o processo de tomada de decisão, examinando a coerência e a lógica das preferências do decisor. O AHP é o método mais amplamente aceite e é considerado por muitos como o método de tomada de decisão multicritério mais fiável (Ayehu e Besufekad, 2015). Esta abordagem baseia-se na comparação entre pares e suscita o interesse de muitos investigadores numa vasta gama de domínios (Triantaphyllou e Mann, 1995; Bagheri et al., 2012; Ndiaye et al., 2016). Neste estudo, o peso dos critérios foi calculado com base no método AHP, utilizando a escolha de peritos sobre as pontuações de cada critério. O AHP sugere a utilização de uma matriz de comparação par a par para comparar os critérios, com base numa escala de avaliação definida por Saaty (1980). Utilizando esta matriz de comparação, os critérios seleccionados são avaliados pelos peritos para determinar o seu peso relativo. Estes peritos, num total de nove, são investigadores nos seguintes domínios: urbanismo e arquitetura, ordenamento do território, ciências do ambiente e geografia física. As pontuações calculadas são atribuídas aos diferentes subcritérios numa escala de 1 a 4, em que 1 = altamente vulnerável, 2 = moderadamente vulnerável, 3 = vulnerável e 4 = fracamente vulnerável. Todas as classificações e valores de classificação na análise espacial provêm da opinião de peritos e de inquéritos no terreno realizados na área de estudo. Os critérios e subcritérios utilizados, as suas pontuações e os seus pesos estão resumidos na tabela 4.

Quadro 4: Pontuação dos atributos e pesos para os mapas utilizados para a localização das zonas vulneráveis a inundações

Criteria	Sub-criteria	Sub-criteria scores	Criteria Weight
Pedology	Hydromorphic soils	1	
	Tropical ferruginous soils	4	0.15
	Halomorphic soils	4	
Elevation	Elevation < 15	1	
	Elevation 15 – 25	2	0.10
	Elevation > 25	3	
Slope	Slope < 10	1	0.10
	Slope > 10	3	
Groundwater level	Depth < 5	1	
	Depth 5 – 10	2	0.15
	Depth 10 – 15	3	

	Depth > 15	4	
	Distance < 500m	1	
Distance from water in 1942	Distance 500m – 1000m	2	0.30
	Distance 1000 – 1500m	3	
	Distance > 1500m	4	
	Distance < 500m	1	
Distance from water in 2014	Distance 500m – 1000m	2	0.20
	Distance 1000 – 1500m	3	
	Distance > 1500m	4	

Para a agregação das camadas de critérios, foi utilizada a Combinação Linear Ponderada (WLC). A técnica WLC é uma regra de decisão para obter mapas compostos utilizando o SIG. É um dos modelos de decisão mais frequentemente utilizados em SIG (Malzewski, 2000). E tem quatro fases principais: 1) Definição de critérios, 2) Normalização dos valores das camadas de critérios (atributos de valor comensurável), 3) Definição de pesos e 4) Combinação de camadas ponderadas (sobreposição ponderada). Para aplicar a análise WLC de forma prática, foi utilizada a ferramenta de sobreposição de soma ponderada no software ArcGIS 10.2. Uma análise de soma ponderada permite ponderar e combinar várias entradas para criar uma análise integrada; por outras palavras, combina várias entradas raster, representando vários factores, com diferentes pesos ou importância relativa (Al-Hanbali et al., 2011). A análise WLC foi aplicada utilizando a seguinte equação:

$$S = \sum wixi$$

Em que S é a adequação, wi é a ponderação do fator i e xi é a pontuação do critério do fator i.

Para identificar o edifício vulnerável às cheias, vectorizámos o resultado da vulnerabilidade, e depois seleccionámos por localidade o edifício de acordo com a vulnerabilidade. Por fim, calcula-se a proporção de cada nível de vulnerabilidade à fratura através da seguinte fórmula:

$$\beta x = \left(\frac{S_1}{\sum S_1 + S_1 + \cdots S_n} \right)$$

Sendo que: β_x = proporção de vulnerabilidade de uma determinada classe de edifícios; S_1 área total de uma classe de edifícios vulneráveis; e S_n corresponde ao restante das classes de edifícios vulneráveis.

Finalmente, a abordagem metodológica adoptada neste estudo é apresentada em **Figura 6.**

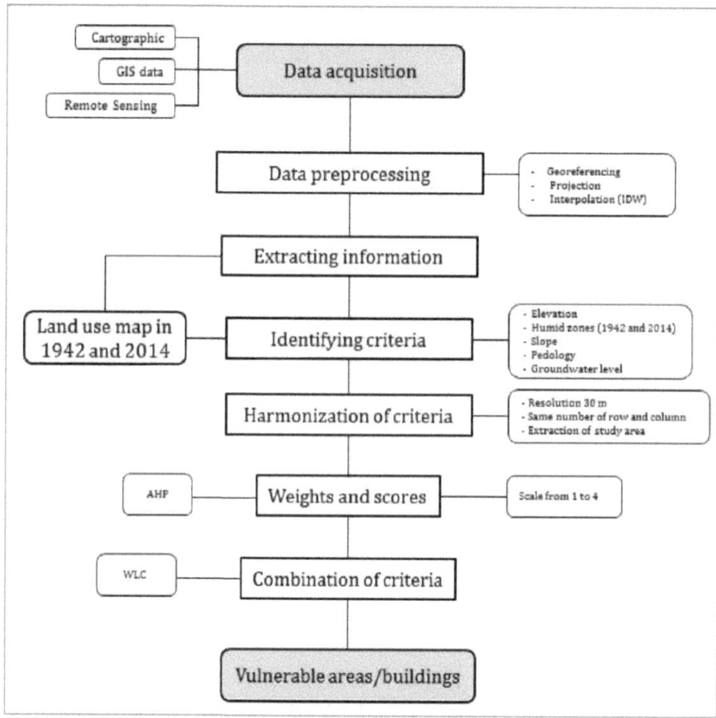

Figura 6: Organigrama do processo de tratamento de dados

CAPÍTULO 3

RESULTADOS E DISCUSSÃO

3.1. CARTOGRAFIA DA UTILIZAÇÃO DOS SOLOS ENTRE 1942 E 2014 EM GRANDE NIAYE

3.1.1. ALTERAÇÃO DA UTILIZAÇÃO DOS SOLOS ENTRE 1942 E 1966

O uso do solo entre 1942 e 1966 (Figura 7) mostra, através da importância da água e áreas inundadas, respetivamente 79,62 ha e 390,21 ha (Tabela 5), a forte presença dos Niayes. Com efeito, os anos de 1942 a 1966 situam-se num período relativamente húmido (Decroix et al., 2015). Foi, portanto, favorável à subida do nível das areias do Quaternário, sabendo que recarrega principalmente a partir da água da chuva (ANSD, 2012). No entanto, a raridade de eventos de precipitação para além da década de 1950, apesar da estabilidade da sua intensidade (Decroix et al., 2015), reflecte a regressão da água e das áreas inundáveis (Aguiar, 2009). A área total passou de 469,83 ha em 1942 para 371,99 ha em 1966. O aspeto menos húmido da zona em 1966 pode justificar o aumento das áreas nuas de 30,58 ha e a diminuição da área ocupada pela vegetação de 133,06 ha. A verdadeira alteração a registar é o início da ocupação da área de estudo em 1966 na sua parte oriental pelo edificado com uma área de 50,19 ha, ou seja uma proporção de 3,96% (Tabela 5). Esta ocupação corresponde à criação do Arrondissement de Pikine Dagoudane em 1952, no coração das dunas vermelhas, com o objetivo de descongestionar o centro da capital (Verniere, 1977).

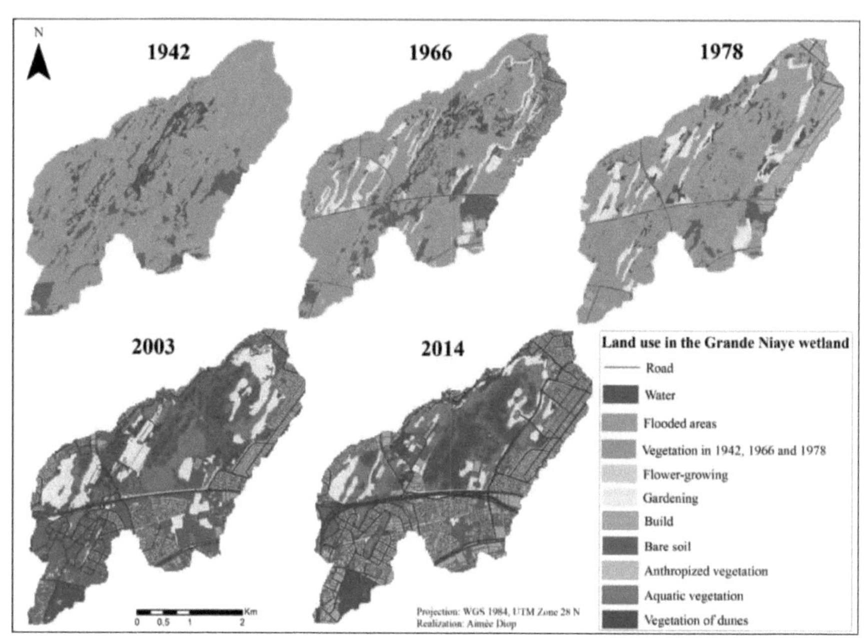

Figura 7: Alteração da ocupação do solo entre 1942 e 2014

Quadro 5: Área das classes de ocupação do solo cartografadas de 1942 a 2014

Classes	Area of land use classes in hectare (ha) / percentage (%)									
	1942		1966		1978		2003		2014	
Water	79,62	6,07	58,10	4,59	44,89	3,91	67,29	5,44	159,90	14,39
Flower-growing	--	--	--	--	--	--	4,52	0,37	3,35	0,30
Buildings	--	--	50,19	3,96	124,99	10,89	238,33	19,26	414,33	37,27
Flooded areas	390,21	29,77	313,29	24,72	377,13	32,87	--	--	--	--
Bare soil	136,32	10,40	166,90	13,17	103,45	9,02	423,72	34,24	162,69	14,64
Vegetation	704,50	53,75	571,44	45,10	495,77	35,21	--	--	--	--
Aquatic vegetation	--	--	--	--	--	--	204,53	16,53	183,13	16,48
Anthropized vegetation	--	--	--	--	--	--	28,92	2,34	17,07	1,54
Vegetation of dunes	--	--	--	--	--	--	108,06	8,73	77,41	6,96
Gardening	--	--	107,21	8,46	115,19	9,09	162,01	13,09	93,70	8,43

3.1.2. ALTERAÇÃO DA UTILIZAÇÃO DOS SOLOS ENTRE 1966 E 1978

O uso do solo entre 1966 e 1978 (Figura 7) mostra que a área ocupada pela água está a diminuir em 13,21 ha. A secagem progressiva do Niayes (Ndao, 2012) num período mais curto que o de 1942-1966 pode ser explicada pelas fortes descidas piezométricas registadas na região (Aguiar, 2009). O período de 1966 a 1978 foi marcado pela grande seca da década de 1970, que afectou a maioria dos países da África Ocidental, particularmente os da região do Sahel (Dia, 2003). Este é o maior e mais intenso défice de precipitação registado no século XX (Descroix et al., 2015, Fall 2003, Sene e Ozer 2002). Em toda a região de Niayes, no Senegal, a superfície das zonas permanentemente inundadas passou de mais de 1 000 ha em 1954 para menos de 170 ha em 1974 (Ndao, 2012). Inversamente, durante o período 1942-1966, as zonas inundadas aumentaram de 63,84 ha em 1978. A quebra da continuidade hidrográfica (Direção dos Espaços Verdes Urbanos et al., 2004) entre as zonas de água e as zonas inundadas é visível a partir de 1978. A grande seca dos anos 70 afectou a hidrologia dos Niayes (Ndao, 2012), bem como contribuiu para o enfraquecimento das zonas húmidas de África (Tendeng et al., 2016; Fall, 2003). O aumento das áreas construídas de 74,8 ha, ou seja, uma taxa de expansão que passou de 3,96% (1942-1966) para 6,93% (19661978), pode ser explicado pela suburbanização sem restrições da cidade de Dakar a partir da década de 1968 (Ndao, 2012). A aglomeração de Dakar é uma das maiores cidades costeiras do continente africano (Quensiere et al., 2013; Institute for Development Research, 2013). Consequentemente, a região de Dakar foi o principal destino do êxodo maciço ligado à seca. O aumento natural acelerado em Dakar e o afluxo das regiões do interior conduziram então a uma forte procura de habitação (Banco Mundial, 2009). Para fazer face a esta situação, o departamento de Pikine, principal local de implantação dos Niayes, é escolhido pelas autoridades como a "pedra angular" da urbanização extensiva da capital senegalesa (Verniere, 1977). No entanto, perante a falta de planeamento controlado, seguiu-se a ocupação anárquica das zonas de Niayes outrora consideradas "non aedificandi" (Direção dos Espaços Verdes Urbanos et al., 2004). Pikine, que nos anos 1971 concentrava quase metade da população de Dakar-Ville (132 000 habitantes), terá assim um impacto considerável na ocupação do solo dos Niayes (Verniere, 1977). A diminuição da vegetação de 75,67 ha está também relacionada com a seca. Para este período, a vegetação regista a regressão mais importante. No entanto, a superfície ocupada pela horticultura aumentou de 107,21 ha em 1966 para 115,19 ha em 1978. Apesar da influência da seca, uma lâmina de água doce satisfatória persistiu e permitiu a prática da horticultura comercial (Ndao, 2012). O declínio da precipitação após o declínio da precipitação e o aumento da procura de terras aráveis também permitiu que a horticultura comercial colonizasse novas áreas (Diallo, 2015; Dia, 2003).

3.1.3. ALTERAÇÃO DA UTILIZAÇÃO DOS SOLOS ENTRE 1978 E 2003

Entre 1978 e 2003 (Figura 7), a água registou uma evolução inversa com um aumento de 22,4 ha. Esta progressão deve-se à revitalização do Niayes (Diop, 2006, Ndong, 1990) com uma tendência para regressar a condições mais húmidas a partir de 1999 (Bodian A., 2014, Sene e Ozer, 2002). De facto, o ecossistema de Niayes é muito sensível às variações hidro-climáticas (Aguiar 2009, Dasylva et al., 2003). Esta nova dinâmica resultou num aumento significativo das áreas construídas de 113,34 ha. De facto, entre 1976 e 1988, a região de Dakar foi quase inteiramente urbanizada e a sua população representava pouco mais de metade da população urbana do país (Agência Nacional de Estatística e Demografia, 2006; Direção de Previsão e Estatística, 1993). No entanto, as áreas nuas continuam a ser importantes na área de estudo, com um aumento de 320,27 ha entre 1978 e 2003. A regressão da vegetação de 154,26 ha, ligada à expansão das parcelas de jardinagem Diallo, 2015, Thi, 2013) ou das zonas residenciais, pode explicar a importância das superfícies nuas. A horticultura comercial nunca foi tão importante na zona, com uma superfície de 46,82 ha. A floricultura está presente em 2003 ao lado das hortas, embora ainda seja pouco praticada numa superfície de 4,52 ha, ou seja, 0,37%. As infra-estruturas rodoviárias desenvolveram-se mais entre 1978 e 2003, mas sobretudo no que respeita às estradas secundárias.

3.1.4. ALTERAÇÃO DA UTILIZAÇÃO DOS SOLOS ENTRE 2003 E 2014

O uso do solo entre 2003 e 2014 (Figura 7) mostra que a área ocupada por água está a aumentar em 92,61 ha. Além disso, o aumento da água não parece estar principalmente ligado ao lençol freático que recarrega durante os períodos de inverno (Aguiar, 2009). De facto, a imagem de satélite que foi utilizada para a ocupação do solo em 2014 data da estação seca. Esta situação está ligada à forte impermeabilização da zona entre 2003 e 2014. Parece que a extensão das superfícies impermeáveis e sobretudo das estradas principais (exemplo da autoestrada com portagem) na zona de estudo obstruiu as estradas (Ndiaye, 2010), provocando a sua estagnação. É certo que, durante este período, a construção registou um aumento acentuado de 176 ha. A rede rodoviária tornou-se mais densa em 2014 à custa das zonas húmidas de Niayes. Assim, é o maior fator de fragmentação do ecossistema do Grande Niaye em Dakar (Diouf, 2011, Diop, 2006). A construção e a extensão da autoestrada com portagem entre 2003 e 2014 marcaram o início da fragmentação do Grande Niaye de Dakar entre as comunas de Patte d'Oie e Hann Maristes. Nomeadamente, verifica-se uma maior estagnação da água no local do Technopole, que na realidade deve ser aí temporariamente armazenada e depois evacuada para o mar através da comuna de Dalifort (Ndiaye, 2010). O Technopole alberga edifícios de grande valor socioeconómico para a região de Dakar, como a Sociedade Nacional de Telecomunicações do Senegal (SONATEL), a Agência Estatal de Informática (ADIE), o Clube de Golfe e as habitações da cidade de Faygal. Consequentemente, estão em risco de inundação. Este perigo justifica os numerosos debates científicos que a escolha da construção de uma arena nacional de luta no Technopole suscitou no seio da Associação dos Diplomados do Instituto das Ciências do Ambiente (ADISE, 2013). Já notamos na área de estudo a instalação de duas estações de tratamento em Niaye de Pikine e Niaye de Patte d'Oie, que não são sem consequências sobre a evolução destes ecossistemas. A extensão dos edifícios, que obriga à deslocação de horticultores e floricultores (Diallo, 2015), explicaria também a diminuição da superfície ocupada pela horticultura (68,31 ha), pela floricultura (1,17 ha) e pela vegetação (63,9 ha). A forte diminuição das superfícies nuas de 241,43 ha confirma a "bulimia" do espaço na zona de Niayes (Ndao, 2012).

3.2. UTILIZAÇÃO DO SOLO ENTRE 1942 E 2014 NA BACIA HIDROGRÁFICA DO GRANDE NIAYE

Os resultados da classificação são avaliados utilizando uma matriz de confusão. A exatidão global da classificação das imagens é de 84,22% e 89,65% e o índice Kappa é de 0,82 e 0,87, respetivamente, nos anos de 1942 e 2014. Globalmente, a exatidão da classificação é considerada boa. Os erros de omissão e de comissão permanecem relativamente baixos em todas as datas. Para além das características fisiográficas de uma bacia hidrográfica, a importância da vegetação, a presença de lagos ou lagoas naturais, a taxa de impermeabilização do solo desempenha um papel importante na infiltração e no fluxo de água para o escoamento (Laaroubi, 2007). Por conseguinte, a cartografia da utilização dos solos mostra que a bacia hidrográfica do Grande Niaye se tornou muito impermeável de 1942 a 2014. De facto, a área de água e de vegetação predominava em 1942, com 417,11 ha e 752,87 ha, respetivamente, correspondendo a 33,15% e 59,85% (Figura 8, Tabela 6). Por outro lado, as edificações ocupam 458,60 ha em 2014 e predominam em 43,64% na bacia hidrográfica (Figura 9, Tabela 6). Quanto à vegetação, ela diminuiu fortemente de 59,85 em 1942 para 21,13 em 2014. Em 1942, as águas superficiais estavam bastante bem distribuídas na bacia hidrográfica. Em contrapartida, nos anos 2014, concentram-se principalmente nas relíquias das zonas húmidas e, em particular, no Niaye de Pikine. Os Niayes constituem zonas de captação e de armazenamento do escoamento superficial. Ao reduzir a área ocupada pelos Niayes, as construções reduziram também a área de drenagem da bacia hidrográfica. Este facto justificaria a recorrência de inundações urbanas na zona. Estas resultam da dificuldade de infiltração do escoamento superficial nas zonas urbanas na sequência do aumento das superfícies impermeabilizadas (Diop, 2006). O cruzamento das características naturais da bacia hidrográfica com o uso do solo permitiu compreender melhor o grau de vulnerabilidade das populações às inundações.

Quadro 6 : Superfície das unidades de utilização do solo na bacia hidrográfica do Grande Niaye em 2014

Land use	Area			
	1942		2014	
	ha	Percentage	ha	Percentage
Water	417.11	33.15	157.14	14.95
Flower-growing	---	---	3.35	0.32
Gardening	---	---	92.54	8.81
Buildings	---	---	458.60	43.64
Bare soil	88.02	7.00	117.35	11.17
Anthropized vegetation	---	---	4.79	0.46
Aquatic vegetation	---	---	177.14	16.86
Vegetation of dunes	---	---	40.03	3.81
Vegetation	752.87	59,85	---	---
Total	1258	100	1050.94	100

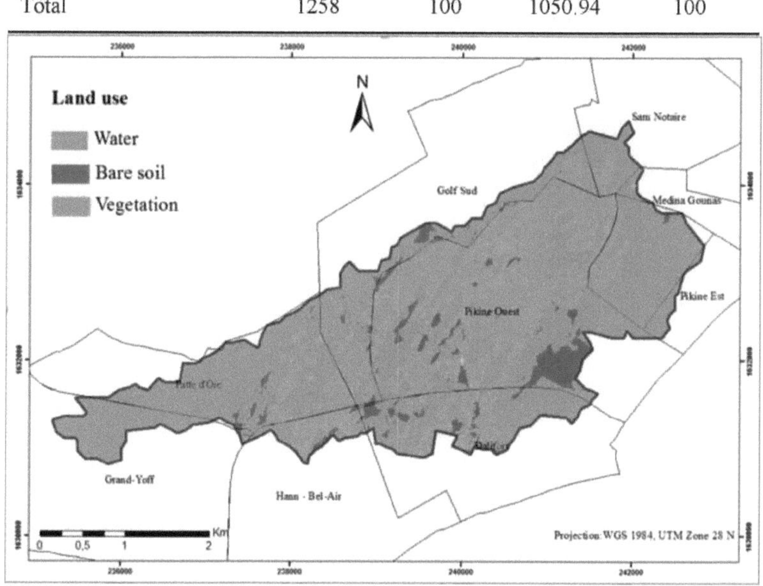

Figura 8: Utilização do solo em 1942 na bacia hidrográfica do Grande Niaye

31

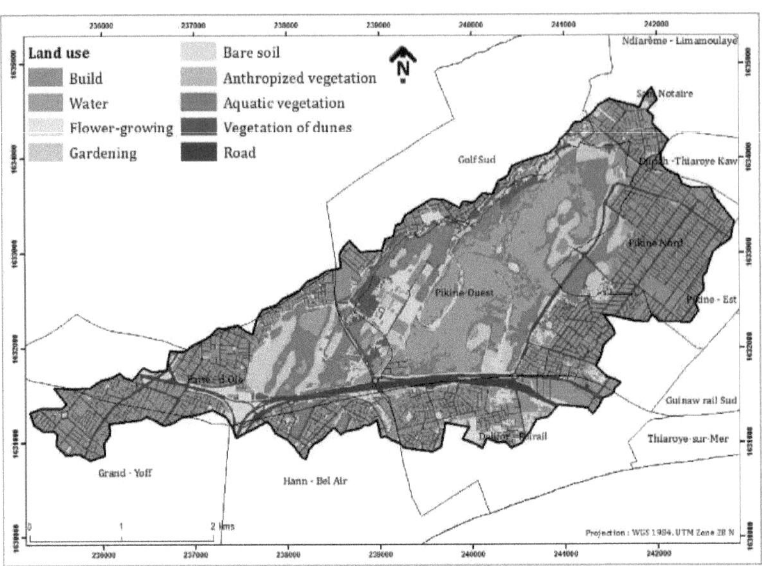

Figura 9: Utilização do solo em 2014 na bacia hidrográfica do Grande Niaye

3.3. CARTOGRAFIA DA VULNERABILIDADE ÀS INUNDAÇÕES NA BACIA HIDROGRÁFICA DO GRANDE NIAYE

O resultado da vulnerabilidade da bacia hidrográfica do Grande Niaye às inundações é ilustrado na Figura 10 e no Quadro 7. Este resultado mostra que o nível de vulnerabilidade varia de uma comuna para outra e dentro da mesma comuna. No entanto, o nível de vulnerabilidade às inundações aumenta à medida que nos aproximamos das zonas húmidas de Niayes.

A área altamente vulnerável a inundações é de 303,39 ha, ou seja, cerca de 25% da área total da bacia hidrográfica. Trata-se da parte central e meridional da bacia hidrográfica. Trata-se nomeadamente das comunas de Pikine-Ouest, Golf Sud, Dalifort, Hann Bel-Air e Patte d'Oie.

A área da bacia hidrográfica do Grande Niaye que é vulnerável às inundações é de 624,24 ha, ou seja, cerca de 50%. Está localizada principalmente nas comunas citadas acima e, em menor escala, nas comunas de Pikine-Nord, Sam Notary. No total, cerca de 75% da área de estudo é vulnerável a inundações.

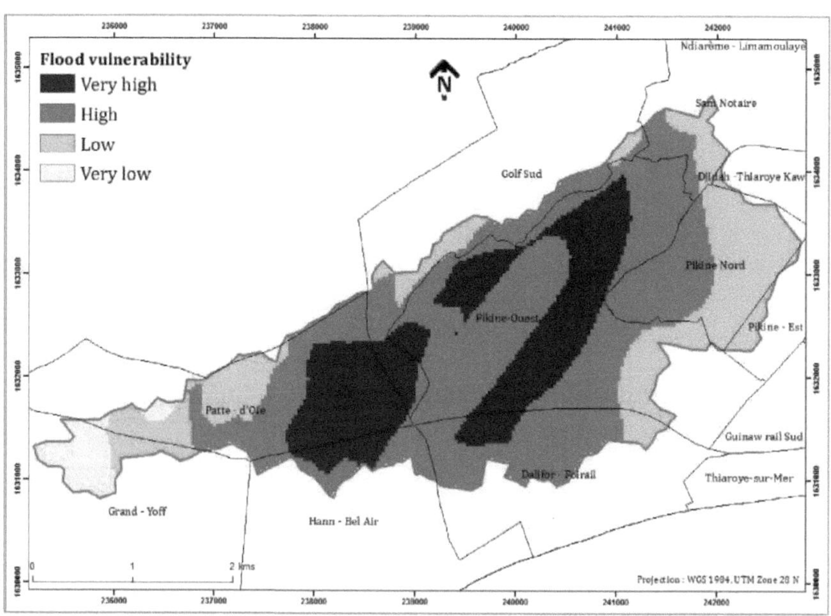

Figura 10: Vulnerabilidade às inundações na bacia hidrográfica do Grande Niaye Dakar

Quadro 7 : Estatísticas de vulnerabilidade às inundações na bacia hidrográfica do Grande Niaye Dakar

N°	Vulnerability rank	Area ha	Area %
1	lowly vulnerable	43,02	3,44
2	vulnerable	279,99	22,39
3	moderately vulnerable	624,24	49,91
4	highly vulnerable	303,39	24,26
	Total	1250,64	100

3.4. CARTOGRAFIA DA VULNERABILIDADE DOS EDIFÍCIOS ÀS INUNDAÇÕES

O resultado da vulnerabilidade às inundações nos edifícios é apresentado na Figura 11 e na Tabela 8. A análise mostra que os edifícios muito vulneráveis às inundações ocupam uma superfície de 26,60 ha, ou seja, 5,80%. Localizam-se principalmente nas comunas de Dalifort, Hann-Bel-Air, Patte-d'Oie e Pikine-Ouest. Por outro lado, os edifícios vulneráveis às inundações ocupam uma superfície de 184,41 ha, ou seja, cerca de 40%. Trata-se dos edifícios das comunas acima referidas. Em suma, estima-se que cerca de 45% dos edifícios da bacia hidrográfica do Grande Niaye são vulneráveis às inundações.

Os resultados mostram também que os edifícios mais próximos das zonas húmidas de Niayes são os mais vulneráveis às inundações. É por isso que os edifícios situados no interior das relíquias de Niayes são vulneráveis e muito vulneráveis às inundações. Por conseguinte, a principal função dos Niayes é a regulação da cheia das águas, função incompatível com a construção de infra-estruturas.

Quadro 8: Estatísticas sobre a vulnerabilidade dos edifícios às inundações na bacia hidrográfica do Grande Niaye

N°	Vulnerabity rank of buildings	Area ha	Percent %
1	lowly vulnerable	32,09	7,00
2	vulnerable	215,23	46,96
3	moderately vulnerable	184,41	40,23
4	highly vulnerable	26,60	5,80
	Total	458,32	100

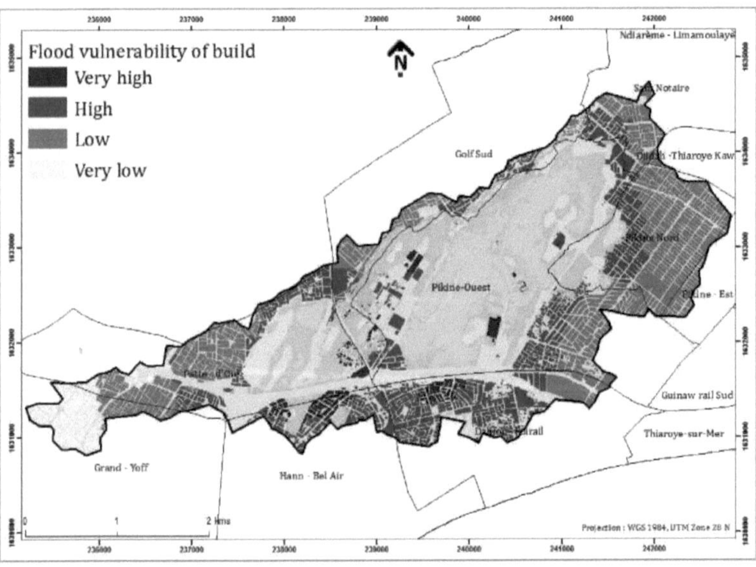

Figura 11: Vulnerabilidade do edifício às inundações na bacia hidrográfica do

grande Niaye em Dakar.

CONCLUSÃO

Este estudo, efectuado segundo uma abordagem multicritério, permitiu avaliar a vulnerabilidade da bacia hidrográfica do Grande Niaye às inundações. Identificou as zonas mais vulneráveis às inundações, mas também os principais factores de risco de inundações. Os diferentes critérios ou factores que explicam a vulnerabilidade foram primeiro identificados. A sua combinação permitiu então obter os resultados relativos à vulnerabilidade da bacia hidrográfica e dos edifícios às inundações. De facto, de cerca de 75% da bacia hidrográfica vulnerável às inundações, 45% dos edifícios estão em causa. Assim, a bacia hidrográfica do Grande Niaye é muito vulnerável às inundações, bem como as suas construções. No entanto, devido ao seu grau de vulnerabilidade, o edificado das comunas de Dalifort e Hann Bel-Air tem prioridade na gestão das inundações. No conjunto dos resultados, constata-se que o nível de vulnerabilidade às inundações aumenta à medida que nos aproximamos das zonas húmidas. Assim, o fator predominante na vulnerabilidade das construções às inundações está ligado à ocupação das zonas húmidas, nomeadamente do Grande Niaye de Pikine. Esta é cada vez mais objeto de uma forte pressão fundiária. Em resposta a esta situação, as autoridades devem tomar medidas para uma gestão sustentável das zonas húmidas. Estas incluem a integração da preservação e da reabilitação das zonas húmidas nos planos e políticas de gestão para reduzir o risco de inundações.

BIBLIOGRAFIA

ADISE (2013). Associação dos Diplomados do Instituto de Ciências do Ambiente. A preservação do Tecnopólo, um desafio para todos. Adise.environnement@gmail.com , 6 p.

Aguiar L. A. A., 2009, Impact of recent climatic variability on the Niayes ecosystems of Senegal between 1950 and 2004, tese de doutoramento em ciências do ambiente, tese de doutoramento em ciências do ambiente, Universidade do Quebeque em Montreal, 185 p.

Al-Hanbali, A., Alsaaideh, B., Kondoh, A. (2011). Utilização da análise de combinação linear ponderada baseada em SIG e de técnicas de deteção remota para selecionar os melhores locais de eliminação de resíduos sólidos na cidade de Mafraq, Jordânia. Journal of Geographic Information System, 2011, 3, 267-278. doi:10.4236/jgis.2011.34023

ANRSA (2012). Agência Nacional de Investigação Científica Aplicada do Senegal. Contribuição científica para o plano decenal de Gestão Sustentável das Cheias no Senegal, Ato do Workshop, Documento Sinóptico, 23 p.

ANSD (2010). Agência Nacional de Estatística e Demografia. Situação económica e social da região de Dakar em 2009, 114 p.

Ayehu, G. T. & Besufekad, S. A. (2015). Análise da adequação da terra para a produção de arroz: Uma abordagem de decisão multicritério baseada em GIS. American Journal of Geographic Information System, 4(3), DOI: 10.5923/j.ajgis.20150403.02, pp. 95-104.

Bagheri, M., Sulaiman, W.N.A., Vaghefi, N. (2012). Análise de adequação do uso da terra usando o método de análise de decisão multicritério para gestão e planejamento costeiro: um estudo de caso da Malásia. Jornal de Ciência e Tecnologia do Ambiente 5(5) :364-372,2012. Dio : 10.3923/jets.2012.364.372.

Balzarini, R. (2013). Abordagem cognitiva para a integração de ferramentas de geomática em ciências ambientais: Modelação e avaliação. Tese Universidade de Grenoble, 327 p.

Bassel, M. (1996). Água e Ambiente em Dakar: chuva, escoamento, poluição e evacuação da água. Tese de Doutoramento em Geografia. Universidade Cheikh Anta Diop de Dakar, 202 p.

Bodian, A. (2014). Caracterização da variabilidade temporal recente da precipitação anual no Senegal (África Ocidental). Physio-Geo, Volume 8, DOI: 10.4000/physio-geo.4243, pp. 297-312.

Chakhar, S., & Martel, J.-M. (2003). Enhancing geographical information systems capabilities with multi-criteria evaluation functions. Journal of Geographic Information and Decision Analysis, 7(2), pp. 47-71.

Chenal, J. (2009). Urbanização, planeamento urbano e modelos de cidade na África Ocidental: jogos e apostas no espaço público. Tese de doutoramento em arquitetura, cidade, história, 570 p.

Dasylva S, S. Sambou, C. Cosandey e D. Orange, 2003, Secagem dos "niayes" (planícies agrícolas) da região de Dakar durante o período 19601990: variabilidade espacial e papel desempenhado pela precipitação, South Science and Technology, N°11, pp. 27-34.

Dasylva, S. & Cosandey, C. (2010). Elementos de avaliação e de ação da governação sustentável das águas pluviais num ambiente urbanizado do Sahel para a biodiversidade e a segurança alimentar. Colóquio sobre Biodiversidade e Avaliação Ambiental, Secretariado Internacional Francófono para a Avaliação Ambiental (SIFEE), Unesco, Paris, 20 p.

D'Ercole, R., Thouret, J. C., Dollfus, O. & Aste, J. P. (1994). As vulnerabilidades das sociedades e dos espaços urbanizados: conceitos, tipologia, modos de análise. In Revue de geographie alpine, tome 82, n°4, DOI: 10.3406/rga.1994.3776, URL : http://www.persee.fr/doc/rga 0035-1121 1994 num 82 4 3776, pp. 87-96.

Descroix L., A. Diongue Niang, G. Panthou, A. Bodian, Y. Sane, H. Dacosta, M. Malam Abdou, J.-P. Vandervaere e G. Quantin, 2015, Tendências recentes da precipitação na África Ocidental através de duas regiões: Senegâmbia e a Bacia do Médio Níger, Climatologia, vol. 12, pp. 25-43.

Dia I. M. M. 2003, Desenvolvimento e implementação de um plano de gestão integrada: The Biosphere Reserve of the Saloum Delta, Senegal, IUCN, Gland, Suíça e Cambridge, Reino Unido , xiv + 130 p.

Diallo, F. B. (2015). Dinâmica socioespacial da horticultura de mercado numa zona húmida urbana: o exemplo do Niaye de Pikine, Senegal. Memória de mestrado, Instituto de Ciências do Ambiente, Universidade Cheikh Anta Diop de Dakar, 48 p.

Dieng, N. M. (2009). Análise dos riscos hidrológicos com imagens de satélite: caso das inundações na região de Dakar. Memória de mestrado em Geologia Aplicada / Universidade Cheikh Anta Diop de Dakar, 111 p.

Diongue, M. (2014). Periferia urbana e riscos de inundação em Dakar (Senegal): o caso de Yeumbeul Nord. Eso Travaux et documents, Resumos de trabalho, n°37, pp 45-54.

Diop S. E., 2012, Marine and coastal ecosystems in West Africa: challenges for long-term management and sustainable development - An example from Senegal, 15 p.

Diop, A. (2006). Dinâmica da ocupação do solo pelos Niayes na região de Dakar de 1966 a 2003: Exemplos do Grande Niaye de Pikine e do Niaye de Yeumbeul. Memória do DEA, Instituto de Ciências do Ambiente / Universidade Cheikh Anta Diop de Dakar, 90 p.

Diop, A., Niang, C. I., Mbow, C. & Diallo, A. D. (2014). Estudo da vulnerabilidade de Thiaroye no mar às inundações: factores e efeitos. Liens Nouvelle Serie, N° 18 dezembro, pp 186-200.

Diop, C. & Sagna, P. (2011). Climate vulnerability of Dakar districts in Senegal: Example of Nord-Foire-Azur and Hann-Maristes, Actas do simpósio "Reinforcing resilience to urban climate change: from spatialized diagnosis to adaptation measures" (2R2CV) 07 e 08 de julho de 2011, Universidade Paul Verlaine -Metz, França, 12 p.

Diouf, R. ND., 2011, Estudo hidrológico das bacias hidrográficas urbanas da Península de Cabo Verde, tese de doutoramento em Geografia, Universidade Cheikh Anta Diop de Dakar / Faculdade de Letras e Ciências Humanas, 220 p.

Direção dos Espaços Verdes Urbanos, DDH Environnement Ltee (info@ddh-env.com), Gabinete PRESTIGE (prestige@sentoo.sn) & GEOIDD (geoidd@planet.tn) (2004). Elaboração do Plano Diretor de Desenvolvimento e Salvaguarda das Zonas Verdes de Niayes e Dakar (PDAS), Relatório dos Estudos de Diagnóstico, Programa de Ação para a Salvaguarda e Desenvolvimento Urbano das Zonas Verdes de Niayes e Dakar (PASDUNE), 172 p.

Direção de Previsão e Estatística, 1993, Resultados finais do Recenseamento Geral da População e da Habitação, 1988, Relatório Nacional, República do Senegal, 76 p.

Djigo, M. (2009). As inundações urbanas no Senegal estão a tornar-se cada vez mais perigosas e menos controláveis. Comunicação sobre as inundações em Dakar, 12 p.

Dodman, T. & Diagana, C. H. (2003). Census of Water Birds in Africa 1999, 2000 and 2001, Wetlands International, African Waterbird Census, Global Series n°16, Wageningen, The Netherlands, 368 p.

Centro de Monitorização Ecológica (2010). Relatório sobre o estado do ambiente no Senegal, 265 p.

Centro de Monitorização Ecológica do Senegal (EMCS), Agência dos Estados Unidos para o Desenvolvimento Internacional (USAID) e Centro de Recursos Costeiros (CRC), 2012, Dinâmica da utilização dos solos, cartografia dos CLPA, zonas de pesca e estabelecimento de um sistema de informação geográfica, Gestão colaborativa para uma pesca sustentável no Senegal, Relatório de implementação do projeto USAID/COMFISH, 61 p.

Comunidade Económica dos Estados da África Ocidental (CEDEAO), Clube Sahel da África Ocidental (SWAC) e Organização para a Cooperação e o Desenvolvimento Económico (OCDE), 2006, The Fragile Ecological Zone of Countries of the Sahel. The Atlas of Regional Integration, Environment Series, [Online] URL : http://www.atlas-ouestafrique.org, 12 p.

Emmanuel Udo, A., Ojinnaka, O. C., Baywood, C. N. & Gift, U. A. (2015). Análise de risco de inundação e avaliação de danos da inundação de 2012 no estado de Anambra usando GIS e abordagem de sensoriamento remoto. American Journal of Geographic Information System, 2015, 4(1), DOI: 10.5923/j.ajgis.20150401.03, pp. 38-51.

EUROSTAT, 2001, Manual of Concepts on Land Cover and Land Use Information Systems, Luxemburgo: Serviço das Publicações Oficiais das Comunidades Europeias, ISBN 92-894-0433-7, Edição 2000, 110 p

Fall S. M., 2003, Capitalização do programa de reforço das capacidades institucionais para a gestão dos recursos das zonas húmidas na África Ocidental, Relatório de síntese, Universidade Gaston Berger, Saint-Louis (Senegal), 66 p.

Faye, E., Dieng, H., Bogaert, J. & Lejoly J. (2014). Dinâmica da flora e da vegetação da bacia de Niayes e Groundnut no Senegal. Jornal de Agricultura e Ambiente para o Desenvolvimento Internacional (JAEID), 2014, 108 (2): pp. 191- 206.

GFDRR, (2014). Facilidade Global para a Redução e Recuperação de Catástrofes. Le relevement et la reconstruction a partir de 2009, Etude de cas pour le Cadre de relevement post inondations au Senegal, 44 p.

Girard, M.C. e Girard, C.M. (1999). Processamento de Dados de Sensoriamento Remoto. DUNOD Ed. Paris, pp. 236-334.

Godard, V. (2005). GIS and Decision Support, notas de curso, Departamento de Geografia, Universidade de Paris 8, França.

Hubert, P. Servat, E., Paturel, J.-E., Kouame, B., Bendjoudi, H., Carbonnel, J.-P. & Lubes-niel, H. (1998). O procedimento de segmentação, dez (10) anos depois. Water Resources Variability in Africa during The XXJh Century (Actas da Conferência

Abidjan'98 realizada em Abidjan, Cote d'lvoire. novembro de 1998). IAHS Pub. Numero 252, 1998, 7 p.

Hughes R. H. et J. S. Hughes, 1992, A Directory of African Wetlands, União Internacional para a Conservação da Natureza e dos Recursos Naturais, Gland, Suíça e Cambridge, Reino Unido / Programa das Nações Unidas para o Ambiente, Nairobi, Quénia / Centro de Monitorização da Conservação Mundial, Cambridge, Reino Unido, xxxiv + 820 p.

IAGU, (2014). Instituto Africano de Gestão Urbana. Inundações nos subúrbios de Dakar: Rumo à Adaptação através de Melhorias na Construção, Infra-estruturas e Governação Local para Reduzir a Vulnerabilidade dos Bens das Famílias e Comunidades, Relatório Técnico Final. URI/URL: http://hdl.handle.net/10625/53300, nº 107026, 57 p.

Instituto de Investigação para o Desenvolvimento (IRD), 2013, Vulnerabilidades da região de Dakar às alterações climáticas, Plano Climático Territorial Integrado da Região de Dakar, 118 p.

IPCC, (2012). Resumo para os decisores políticos. Em: Field, C.B., Barros, V., Stocker, T.F., Qin, D., Dokken, D.J., Ebi, K.L., Mastrandrea, M.D., Mach, K.J., Plattner, G.-K., Allen, S.K., Tignor, M. e Midgley, P.M., Eds, Managing the Risks of Extreme Events and Disasters to Advance Climate Change Adaptation, A Special Report of Working Groups I and II of the Intergovernmental Panel on Climate Change, Cambridge University Press, Cambridge, UK, and New York, p. 1-19.

IPCC, (2013). Alterações climáticas 2013: Os elementos científicos. Resumo para os decisores políticos. Contribuição do Grupo de Trabalho I para o quinto Relatório de Avaliação do Painel Intergovernamental sobre as Alterações Climáticas. Cambridge University Press, Cambridge, Royaume-Uni et New York (Etat de New York), Etats-Unis d'Amerique, 204 p.

Jankowski, P., Andrienko, N. & Andrienko, G. (2001). Map-centre exploratory approach to multiple criteria spatial decision making. International Journal of Geographical Information Science, Vol. 15, pp. 101-127.

Jha, Abhas K., Bloch, R. & Lamond, J. (2012). Cidades e Inundações: Um Guia para a Gestão Integrada do Risco de Inundações Urbanas para o Século XXI. Formação do Banco Mundial, https://openknowledge.worldbank.org/handle/10986/2241 . DOI: 10.1596/978-0-8213-8866-2, pp. 8-63.

Laaroubi, H. (2007). Hydrological study of the urban watersheds of Rufisque, tese de doutoramento em Geografia, Universidade Cheikh Anta Diop de Dakar, 265 p. + anexos.

Lo, M. & Chellouche, Y. A. (2013). Consulta Nacional sobre o Quadro de Ação Pós-2015 para a Redução de Desastres, Relatório do Senegal com o Apoio Técnico da NUERD África, Versão Provisória, 90p.

Malczcewski, J. (1999). GIS and multicriteria decision analysis. Departamento de Geografia, Universidade de Western Ontario, John Wiley & Sons, Nova Iorque, 363 p.

Malczewski, J. (2004). GIS-Based Land-Use Suitability Analysis: A Critical Overview on ResearchGate, The professional network for scientists, Vol. 62, No.   1,
                           2004,   DOI:
10.1016/j .progress.2003.09.002,URL: https: //www.researchgate. net/publication/

222678711 GIS-Based Land-Use Suitability Analysis A Critical Overview, pp. 3-65.

Mbow, C., Diop, A., Diaw, A.T. & Niang, C.I. (2008). Urban Sprawl Development and Flooding at Yeumbeul Suburb (Dakar-Senegal). Revista Africana de Ciência e Tecnologia Ambiental, Vol. 2(4), pp 75-88.

MDRH, (1976). Ministério do Desenvolvimento Rural e da Hidráulica do Senegal. Plano diretor de abastecimento de água e saneamento de Dakar e da sua região, Estudo II do saneamento das águas pluviais e residuais, Estado dos conhecimentos, Orientações para a 3ª fase, 103 p.

Ministério do Ambiente e do Desenvolvimento Sustentável do Senegal, 2015, Política nacional de gestão das zonas húmidas no Senegal. Relatório intercalar de, 124 p.

Mokarram, M. & Aminzadeh, F. (2011). Avaliação multicritério da aptidão da terra com base em Gis usando média de peso ordenada com quantificador fuzzy: um estudo de caso na planície de Shavur, Irão. The International Archives of the Photogrammetry, Remote Sensing and Spatial Information Sciences, Vol. 38, URL: http://www.isprs.org/proceedings/XXXVIII/part2/Papers/9 Paper.pdf , 350 p.

Agência Nacional de Estatística e Demografia, 2006, Senegal-Results of the Third General Population and Housing Census-RGPH-2002, National Report , Online: http ://www.ansd. org, 125 p.

Ndao, M. (2012). Dinâmica e gestão ambiental de 1970 a 2010 das zonas húmidas do Senegal: Estudo do uso do solo por teledeteção dos Niayes com Djiddah Thiaroye Kao (em Dakar), Mboro (em Thies) e SaintLouis. Doutoramento, Universidade de

Toulouse, Toulouse, 370 p.

Ndiaye G., 2010, Documento de proposta para a drenagem de águas pluviais na zona do Technopole Dalifort, Ministério do Habitat da construção e da hidráulica do Senegal, 18 p.

Ndiaye, A. (2011). Sistema de informação geográfica e deteção remota para a gestão dos riscos naturais: Aplicação às inundações da região de Dakar (Senegal). Memória de Mestrado II, CRASTE_LF, 97 p.

Ndiaye, M. L., Traore, V. B., Toure, M. A., Malomar G., Diaw, A T. & Beye, A. C. (2016b). Contribuição da deteção remota para o estudo do espaço-temporal

Evolução da precipitação no Senegal: Exploração da Baixa Resolução Espacial do TRMM 3B43. Jornal de Estudos Multidisciplinares em Ciências da Engenharia, Vol. 2 (7), pp. 748-752.

Ndiaye, M. L., Traore, V. B., Toure, M. A., Sambou, A., Diaw, A. T. & Beye, A. C. (2016a). Deteção e classificação de áreas vulneráveis a inundações urbanas usando SIG e ASMC (análise espacial multicritério): Um Estudo de Caso em Dakar, Senegal. Revista Internacional de Engenharia Avançada, Gestão e Ciência (IJAEMS), Vol-2 (8). pp.1270-1277.

Ndong Y., 1990, Estudo da evolução recente de um ecossistema intra-urbano: cartografia das transformações das paisagens dos Niayes de Pikine-Thiaroye e arredores, Memória do DEA em Geografia, Universidade Cheikh Anta Diop de Dakar, 87 p.

Nisar Ahamed, T. R., Gopal Rao, K. & Murthy, J. S. R. (2000). Modelo de associação difusa baseado em GIS para análise da aptidão das terras para cultivo. Agricultural Systems, 63 (2000), 75-95.

Prakash, T.N. (2003). Land Suitability Analysis for Agricultural Crops A Fuzzy Multicriteria Decision Making Approach (Análise da aptidão das terras para culturas agrícolas: uma abordagem de tomada de decisões multicritério difusa). The Netherlands: Instituto Internacional de Ciência da Geoinformação e Observação da Terra Enschede, pp. 6-13. (2).

Quenault, B., Bertrand, F., Blond, N. & Pigeon, P. (2011). Reinterpretação interdisciplinar e sistémica do binómio vulnerabilidade/adaptação urbana às alterações climáticas. Actas do simpósio "Reforço da Resiliência às Alterações Climáticas nas Cidades: Do diagnóstico espacial às medidas de adaptação" (2r2cv) 07 e 08 de julho de 2011, Universidade Paul Verlaine - Metz, França. 20 p.

Quensiere J., A. Retiere, A. Kane, A. Gaye, I. Ly, S. Seck, C. Royer, C. Gerome e A. Peresse, 2013, Vulnerabilidades da região de Dakar às alterações climáticas, Plano Climático Territorial Integrado da Região de Dakar, Horizon/Pleins Textes, IRD, Bondy, Montpellier, 118 p.

Rafai, N., Khattabi, A. & Rhazi, L. (2014). Modelagem de inundação de rios para gestão integrada de risco de inundação: caso da bacia hidrográfica de Tahaddart (noroeste de Marrocos). Journal of Water Science, vol. 27, n° 1, 2014, p. 57-69. URI: http://id.erudit.org/iderudit/1021982ar , DOI: 10.7202/1021982ar, 13 p.

Conselho Regional de Dakar, (2011). Quais são as sinergias para as inundações na região de Dakar?, Relatório do Seminário de Investigação, URL : https: //www.urbamonde.org/sites/urbamonde. org/files/seminaire_re gional. pdf, 56p.

Roche, M. (1963). Hidrologia de Superfície. Gauthier-Villars ORSTOM, Paris, 430 p.

Saaty, T. L. (1977). Um método de escalonamento para prioridades em estruturas hierárquicas. Journal of mathematical Psychology, n.° 15, pp. 234-281.

Saaty, T. L. (1980). The Analytic Hierarchy Process. Nova Iorque (EUA), McGraw-Hill, 287 p.

Sene E. H. M., I. Thiaw e B. Lamizana-Diallo, 2006, Managing wetlands in drylands: lessons learned arides IUCN (International Union for the Conservation of Nature), Gland, Suíça e Cambridge, Reino Unido, IUCN Publications Service , xviii + 86 p.

Sene, S. & Ozer, P. (2002). Evolução da pluviosidade e relação entre inundações e eventos pluviais no Senegal. Boletim da Sociedade Geográfica de Liège, n° 42, pp. 27-33.

SONES (2013). Companhia Nacional da Água do Senegal. Programa de luta de emergência contra as inundações, componente: perfuração de desconexão Thiaroye, comunicação Sones durante o workshop para partilhar os resultados da análise da água das bombas de Diambar e intercâmbios sobre a perfuração de bombagem do nível freático Thiaroye, 13, 14 e 15 de setembro de 2013, Dakar, Senegal, 18 p.

Soto, D. e Renard, F. (2014). Avaliação espacial do risco de inundação cruzando o perigo e a vulnerabilidade das estacas: aplicação às grandes inundações de Lyon. Universidade de Lyon, França. 10 p.

Tendeng M., N. Ndour, B. Sambou, M. Diatta e A. Aouta, 2016, Dinâmica do mangal de Bignona Marigot em torno da barragem de Affiniam Sciences 10 (2), pp. 666-680.

Thi, C. N. (2013). Estudo preliminar da dinâmica do uso do solo, alguns lagos e a flora vascular do Technopole de Dakar, Senegal. Memória do Mestrado II em ambiente, Universidade Cheikh Anta Diop de Dakar, Instituto de Ciências do Ambiente, 44 p.

Thiam, M. D. (2011). A síndrome das inundações no Senegal. Imprensa Universitária do Sahel. 224 p.

Triantaphyllou, E., e Mann, S.H. (1995). Using the analytic hierarchy process for decision making in engineering applications: some challenges Inter'l Journal of Industrial Engineering: Applications and Practice, Vol. 2, No. 1, pp. 35-44.

ONU (2015). Nações Unidas. Quadro de Sendai para a Redução do Risco de Catástrofes 2015-2030, Terceira Conferência Mundial das Nações Unidas no Japão, Sendai, 14-18 de março de 2015, 35 p.

UNISDR África, CUA & EAC (2013). Secretariado da Estratégia Internacional para a Redução de Desastres das Nações Unidas (Escritório Regional para África), Comissão da União Africana e Comunidade da África Oriental. Quarta Plataforma Regional Africana, Anexo 1: Relatório da Situação de África sobre a Redução do Risco de Desastres. Resumo Executivo. Nos dias 13, 14 e 15 de fevereiro de 2013, Ngurdoto Lodge, Arusha (Tanzânia). 5 p.

USGS (2016). http://geoengine.nima.mil

USGS (2016). https://earthexplorer.usgs.gov/, sítio Web visitado em outubro de 2016

Verniere, M., 1977, Voluntarismo de Estado e espontaneísmo popular na urbanização do Terceiro Mundo, Formação e evolução nos subúrbios de Dakar, o caso de Dagoudane Pikine, Paris, Biblioteca Nacional, pp. 34-44.

Veyret Y. & Reghezza M. (2006). Vulnerabilidade e Riscos, Abordagem de Vulnerabilidade Recente, Accountability and Environment, n° 43, pp. 9-14.

Voogd, H. (1983). Multicriteria Evaluation for Urban and Regional Planning, Pion Limited, Londres.

Wade, S., Faye, S., Dieng, M., Kaba, M. & Kane, N.R. (2009). Remote sensing of urban flood disasters: the case of the Dakar region (Senegal), Jornadas de Animação Científica (JAS) da AUF, Argel novembro de 2009.

Banco Mundial, (2009). Preparação para a Gestão de Perigos Naturais e Riscos Relacionados com as Alterações Climáticas em Dakar, Senegal: A Spatial and Institutional Approach, Report of the Pilot Study. Washington, DC, Banco Mundial, 112 p.

Printed by Books on Demand GmbH, Norderstedt / Germany